动物访谈录

专访 老虎 和其他有爪野兽

[英] 安迪·锡德　著
[英] 尼克·伊斯特　绘
刘思捷　译

GUANGXI NORMAL UNIVERSITY PRESS
广西师范大学出版社
·桂林·

ZHUANFANG LAOHU HE QITA YOU ZHUA YESHOU

出版统筹：汤文辉	美术编辑：刘冬敏
品牌总监：耿 磊	营销编辑：董 薇
选题策划：耿 磊	版权联络：郭晓晨
责任编辑：吕瑶瑶	张立飞
助理编辑：宋婷婷	责任技编：郭 鹏

著作权合同登记号桂图登字：20-2021-203 号

图书在版编目（CIP）数据

专访老虎和其他有爪野兽 /（英）安迪·锡德著；（英）尼克·伊斯特绘；
刘思捷译. 一桂林：广西师范大学出版社，2021.7
（动物访谈录）
书名原文：Interview with a Tiger & Other Clawed Beasts Too
ISBN 978-7-5598-3868-1

Ⅰ. ①专… Ⅱ. ①安… ②尼… ③刘… Ⅲ. ①野兽—少儿读物 Ⅳ. ①Q95-49

中国版本图书馆 CIP 数据核字（2021）第 108291 号

广西师范大学出版社出版发行

（广西桂林市五里店路 9 号　邮政编码：541004）
（网址：http://www.bbtpress.com）

出版人：黄轩庄
全国新华书店经销
北京博海升彩色印刷有限公司印刷
（北京市通州区中关村科技园通州园金桥科技产业基地环宇路 6 号　邮政编码：100076）
开本：787 mm × 1 092 mm　1/16
印张：3.5　　　字数：50 千字
2021 年 7 月第 1 版　　2021 年 7 月第 1 次印刷
定价：50.00 元

如发现印装质量问题，影响阅读，请与出版社发行部门联系调换。

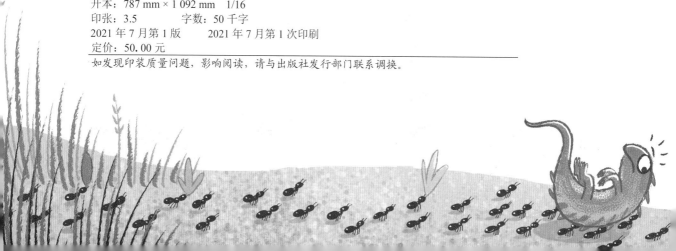

目 录

简介   4

专访孟加拉虎   6

专访狼   10

专访大食蚁兽   14

专访蜜獾   18

专访美洲豹   22

专访北极熊   26

专访狮子   30

专访大犰狳   34

专访雪豹   38

专访三趾树懒   42

你能做些什么？   46

小测试   48

简 介

老虎理想中的一天是什么样子的呢？一头狼有什么烦心事呢？狮子会去电影院吗？……不知道，我也从来没想过这些问题！但如果你想知道答案，那么读这本书再合适不过了。

我很幸运，又或者很不幸，能跟10只长着利爪的大型野兽坐在一起，问它们一些问题（是问这些野兽，可不是问它们的爪子）。它们告诉我的事情非常不可思议，也很有趣，甚至还特别吓人。

啊，我猜你可能会问："什么？！安迪·锡德是怎么和动物对话的呢？"问得好！

几年前，我在摆弄一些衣架、一台坏掉的华夫饼机、半只袜子时，无意中发明了一台机器，它可以把动物发出的声音翻译成人类的语言。对，翻译机诞生了！

借助翻译机，我可以跟地球上的任何生物对话。它用起来可太方便了！

很高兴认识你！

所以，这本书囊括了我对10种非凡动物的采访内容。我希望这本书能告诉你一些你一直想知道的事情，或许，也能告诉你一些逸闻趣事。如果你对这本书中给出的答案不满意，那你就去找老虎讲理吧！

……我还是更想吃了你。

嗷嗷嗷……嗷嗷嗷……嗷呜！

我们来听听那些咆哮声是什么意思……

专访孟加拉虎

　　我的第一位采访嘉宾，不需要多做介绍。为什么我要访问孟加拉虎呢？因为它体形庞大，生性凶猛，周身布满条状花纹，它从印度丛林和平原远道而来，为我们答疑解惑。把一只孟加拉虎带到大家的面前，我感到既兴奋又有些害怕！

问题：欢迎你的到来。呃，你身上为什么会有条状花纹呢？

回答：斑点我也试过，可惜跟我的风格不搭。哈哈哈！我是开玩笑的。花纹能帮助我完美地隐蔽在草丛里，不然，亲爱的，你以为我是怎么偷偷地伏击鹿群的呢？

问题：你喜欢捕猎吗？

回答：我喜欢捕猎吗？我可太爱捕猎了！抓到猎物的感觉多美妙啊！但是猎物逃脱时的感觉可太糟糕了。一顿费力猛扑，最终一无所获……

问题：你最喜欢捕食什么猎物呢？

回答：哇，问得好。鹿肉虽然美味，但我还是更喜欢吃肥嫩多汁的野猪肉。小水牛的嫩肉倒是很对我家小宝宝的胃口。

问题：你认为老虎最佳的捕猎技巧是什么？

回答：在茂密高大的草丛中匍匐前进，慢慢地、悄无声息地靠近猎物之后，以迅雷不及掩耳之势用利爪扑倒猎物，再死死咬住它们的脖子。这招我百试不爽。

问题：你刚才提到了小宝宝。你是它们的妈妈吗？

回答：不然呢，我又不是只负责接送孩子的校车司机！我有三只小宝宝，现在它们快四个月大了，长得又大又壮，它们经常刚吃完饭就又饿了。

问题：你会带它们一块去捕猎吗？

回答：我刚开始是带着它们捕猎，但大部分时间里，它们只想着玩儿。捕猎的时候，它们总是嘻嘻哈哈不认真，这样能接近猎物吗？肯定不能。

问题：它们现在在哪儿？

回答：就在我身后那个岩石间的秘密洞穴里，那里很安全。刚出生的时候，小家伙们很弱小，没有能力保护自己。

最喜欢的食物：

鹿

羚羊

野猪

水牛

劲敌：

豹子

狼

豺狼

鳄

秃鹫

问题：小老虎们的爸爸在哪儿？

回答：那个懒家伙？它从不帮忙带孩子！可能是去跟另一只老虎打架、抢地盘去了吧。如果不是它块头比我大，我肯定拿爪子打它的下巴了！

问题：你说的"抢地盘"是什么意思？

回答：意思就是占领其他老虎捕猎的领地。一般每只老虎都有一片可供自己捕猎的领地，可以为全家提供充足的食物。如果其他老虎入侵这一领地，全家就要把它驱逐出去。

问题：你理想中的一天是什么样子的呢？

回答：呃，让我想想……如果有那天，我希望可以一直睡到饱，天气太热的时候还能去河里泡个澡，然后再大吃一顿生肉和动物内脏。对了，我一顿可以吃20千克生肉哟！想想都美啊……

问题：你有讨厌的东西吗？

回答：有，猴子。我最受不了猴子啦！

问题：哦，为什么呢？

回答：它们会在树上一直盯着你，你一靠近，它们就发出惊恐的叫声，像警报一样，把鹿群都吓跑了。听好了，我可太喜欢吃猴子了！

问题：哪些动物是你们老虎的竞争者？

回答：主要是豹子、狼、野狗、豺、鳄鱼和秃鹫。
它们实在是讨厌死了。

问题：那人类呢？

回答：哦，对，你们人类更讨厌……人类是唯一让我们感到恐惧的动物。你们有枪，你们当中的偷猎者还经常用枪射杀我们，竟然还夺走我们捕猎的地方来盖房子。嗷呜！

问题：偷猎者为什么会向你们开枪呢？

回答：这对我们来说很不幸，我们的皮毛和身体的许多地方都值大价钱。有些人认为我们的骨头可以入药。其实根本没有任何效果。这就是为什么地球上的老虎所剩无几。这些人真是一群愚蠢的家伙！

问题：你最喜欢哪支乐队？

回答：威豹乐队。

专访狼

我的下一位采访嘉宾喜欢在亚洲和美洲北部的大森林里漫步。它长着一双黄色的眼睛，有42颗巨大的牙齿，它看起来……呃……脾气特别暴躁。接下来，我将带大家认识一下狼！

问题：首先，你会对着月亮号叫吗？
回答：不会，别这么荒谬好吗？你会对着月亮号叫吗？

问题：说得好。但是你为什么会号叫呢？
回答：这还不明显吗？有时，吼叫、咆哮或呜咽无法达到目的。我号叫是为了与狼群保持联系，也有可能是为了吓退其他的狼。

问题：你刚才提到了狼群。那是什么？
回答：哎呀，你怎么什么都不懂？就是狼的大家庭。我们通常会一起围猎动物，一起在我们的领地上巡逻，彼此之间互相帮助，抵御领地入侵者。

问题：狼群会捕食哪种动物呢？

回答：体形越大的动物越好，这样，能吃的东西就越多。鹿或者北美驯鹿、驼鹿都是很好的猎物，或者野牛、河狸、麝牛。它们的味道都好极了。

问题：那么，你究竟是如何对付体形比你大的动物的呢？

回答：你刚才没有认真听我说话吗？哼！我们是整个狼群一起捕猎。我们追逐猎物，消耗它的体力，然后，将目标与它的同伴冲散，再将其咬死，然后拖走。这就是团队合作。

问题：你只吃肉吗？

回答：不是的。

问题：呃，你能告诉我为什么吗？

回答：好吧……是这样的，一整头猎物，只吃肉太浪费了，不是吗？所以我几乎什么都吃：皮、肠子、肺、骨头……你能想到的任何东西！我一顿可以吃15千克的食物。狼吞虎咽只管吃！作为掠食者，你不能浪费食物，你可能要等很长时间才能再次抓到猎物，特别是在北方的冬天。我不能像你们人类一样，动不动就在网上订餐！

爸爸，我们被困住了。

问题： 哇，什么都吃，听上去太厉害了！你是怎么吃骨头的呢？

回答： 简单！我有很惊人的咬合力，可以直接将骨头咬碎，吮吸里面多汁的骨髓。如果你愿意，可以体验一下我的咬合力。来，把你的手给我。

问题： 绝不！我相信你不会伤害我的。但为什么人类如此怕狼呢？在很多童话故事里，狼都扮演了坏蛋的角色。

回答： 人类怕狼？别搞笑了。应该是我们怕你们吧！我可没有胡说，几个世纪以来，人类一直四处猎杀狼群！

问题： 那么，人类到底为什么害怕你们呢？

回答： 一定要我讲那么清楚吗？你确定吗？好吧，据我所知……过去，人类在我们的领地里砍伐森林，杀光我们的猎物，在掠夺来的土地上耕种庄稼。我们饿得不行了，只好去吃人类养的牛羊。不然我们就得饿死。

问题：有没有什么动物是和你们无法友好相处的呢？

回答：哼，我还认为你会为你上面的无聊问题向我道歉呢。其他动物吗？那些饿疯了的熊有时会掠走我们的幼崽，偷走我们的食物。所以一遇到熊，我们就会撕咬它们的屁股。

问题：你们擅长什么呢？

回答：网球。不，开玩笑的。我们擅长奔跑、游泳、御寒保暖、抚养幼崽。我们的嗅觉和听觉都很灵敏，比人类的要敏锐得多。

问题：作为一头狼，有没有什么不好的地方？

回答：当然有啊，我们讨厌接受采访，讨厌在书中和电影中扮演反派角色。好吧，我知道你希望我能严肃地回答这个问题。是的，我们经常挨饿，我们的寿命普遍不长，或许可以活七年左右？唉，这太令我们沮丧了……

专访大食蚁兽

　　我的第三位采访嘉宾，是一位长毛帅哥，它来自巴西，体形巨大，毛发浓密，以小昆虫为食。接下来，我带大家见一见独一无二的大食蚁兽！

问题：蚂蚁吃起来是什么感觉呢？

回答：很酷，老兄，蚂蚁比你想象的要好吃得多。

问题：你还吃别的东西吗？

回答：当然，我也喜欢吃白蚁。但白蚁并不常见，它们跟蚂蚁一样，吃起来别具风味。

问题：白蚁不是居住在那些大土堆里吗？你怎么把它们弄出来？

回答：这没什么难的，老兄！只需要用我大大的爪子砸出一个洞，然后把我漂亮的鼻子伸进去，不停地舔食那些小家伙，就可以啦！

问题：这很容易吗？

回答：是的，很容易，老兄！我的舌头通常有60厘米长，上面覆盖着黏黏的唾液。我可以把舌头伸出去，再缩进嘴里，速度比你眨眼的速度还要快！

怎么吃蚂蚁？

1. 嗅出并找到蚁穴。

2. 用爪子猛击它。

3. 用棍子掏。

4. 把蚂蚁舔干净。

5. 吃得差不多了就赶紧离开！

问题：蚂蚁不会咬你吗？

回答：你知道的，老兄！在动物王国里，我可是最不怕蚂蚁咬的动物。秘诀就是我可以在那些坏坏的工蚁保卫蚁穴、发动攻击前，就先吃掉几百只蚂蚁。我不会主动去招惹那些家伙的……

问题：你体形这么大，是如何靠这些小昆虫生存下去的呢？

回答：哈，大家都这么问。如果你早餐只吃了两块玉米片，你还会再去拿，对吧？我一天要光顾大概150个蚁穴，算下来要吃掉35 000只蚂蚁。这些足够我吃饱了，这个问题根本没有任何意义。

问题：你的爪子很大，大约有10厘米长。它们只是用来挖食物的吗？

回答：嘿，你知道，我爱好和平。但是丛林里总会有一些凶残的捕猎者——例如，像美洲豹和美洲狮这样的大型猫科动物。如果它们敢招惹我，我会用爪子狠狠地回击它们，你知道了吧！

问题：你睡在哪里呢？

回答：啊，我喜欢打盹儿，老兄！我常常会在灌木或者茂密的草丛中间挖个洞，然后蜷缩在里面休息。非常舒服。

问题：呃，你的鼻子很长，但嘴巴很小，这是为什么？

回答：我觉得自己长得很漂亮，不是吗？鼻子很长是为了伸到蚁穴里寻找蚂蚁或者它们的幼虫，嘴巴很小是因为吃蚂蚁不需要牙齿。

问题：你没有牙齿？

回答：没错，老兄！我没有牙齿，而且视力很差，但我的嗅觉特别灵敏，我可以靠嗅觉找到食物的位置。

问题：你有孩子吗？

回答：也许……可能有吧……你知道，我们雄性食蚁兽都是独居的，雌性食蚁兽负责照顾幼崽。小家伙们会骑在它们妈妈的背上，画面多么温馨！

问题：最后，请介绍一下，作为一只大食蚁兽，你喜爱什么，讨厌什么。

回答：老兄，我不喜欢森林大火，还有人类，尤其是偷猎者，他们会掠走我们的一切。只要给我一片满是肥美爬虫的青青草原，我就会像天空中的星星一样开心了。我喜欢宁静的生活！

专访蜜獾

我的下一位采访嘉宾体形比大家想象的要小，大概和小狗差不多大，它并不是真正意义上的獾。但它身体强壮结实，几乎没有耳朵，性格天不怕地不怕——我们来见一见这只非洲蜜獾吧！

问题：你真的像大家说的那样特别凶猛吗？

回答：不不不，我像小泰迪熊一样可爱，真的。我连一只苍蝇都不会伤害。对了，你最好把这段采访报道出来，否则我会咬掉你的鼻子。

问题：啊！呃，你有多喜欢吃蜂蜜呢？

回答：你又有多喜欢吃巧克力和冰激凌呢？我何止是喜欢它，我简直爱死它了。我太爱吃蜂蜜了，我……你懂的。事实上，我还喜欢吃蜂巢里的蜂蛹。

问题：当你撕开蜂巢时，蜜蜂不会蜇你吗？

回答：肯定会。但我的皮很厚，毛很硬，不怕蜇。

问题：你还喜欢吃什么？

回答：那要看我能抓到什么。我喜欢吃昆虫、蜥蜴、鸟、青蛙、老鼠、沙鼠、乌龟、蛇、蝎子以及各种蛋，有时也会吃一些浆果和树根。嘿嘿，一顿营养丰富的非洲沙拉！

问题：你还吃蛇？是有毒的那种吗？

回答：是啊！它们吃起来味道好极了。当然，它们自卫时也会咬我，但我只要杀死它们，睡一觉就好了。我的身体对蛇毒有很强的抵抗力。等我醒了，我就会吃掉它们，连骨头渣子都不剩。哇，真是一顿特别丰盛的大餐！

如何享用蜂蜜自助餐？

1. 通过嗅觉确定蜂巢的位置。

2. 爬上树。

3. 用爪子撕开蜂巢。

4. 被蜜蜂蜇几下。

5. 享用香甜的蜂蜜。

6. 吃得差不多了，快跑！

问题：你的朋友多吗？

回答：如果我有很多朋友，我会把它们都吃了……哈哈哈，只是开个玩笑。蜜獾没有朋友，反而有很多敌人。我更喜欢独来独往。

问题：如果你不喜欢有同伴陪伴你，那如何避免其他蜜獾靠近你呢？

回答：靠臭味。我的肛门腺（屁股附近）可以分泌出一种特殊的臭味，我会随时在树上和草丛中蹭上这种气味，这叫气味标记。当其他蜜獾嗅到我的气味时，它们就知道要远离这个地方。我不希望它们来抢我的食物。

问题：你的爪子真的很长。这是为什么？

回答：当然要长啦！我要用我的爪子挖洞！因为我不会用铁锹！我可以挖出地下的幼虫，也可以为自己挖一个一米或两米深的地洞，还可以撕开蜂巢。如果鬣狗打扰到我，我还可以用爪子戳它们的眼睛。好了，现在你都了解了吧？

问题：你擅长什么？

回答：好吧，我已经告诉过你了，挖洞。我也很擅长撕咬敌人，还擅长搏斗、杀敌、攀爬，以及在充满危险的环境中生存。想想看，我可是相当厉害的！我都想咬你了。

我想咬你！

问题：有什么是你不擅长的吗？

回答：嗯，我的嗅觉很敏锐，但我的听觉和视觉非常糟糕。我是说，在我看来，我现在就是在对着一根灯柱说话……

问题：既然你这么优秀，那为什么农民不喜欢你？

回答：我还不喜欢他们呢！不不……好吧，可能是因为我偶尔会吃农民饲养的家禽吧，谁让农民修筑的篱笆爬起来太方便了呢！在篱笆下面挖地洞很简单，我甚至可以咬穿木建筑，这些事情对我来说轻而易举。他们简直就像在邀请我去吃鸡一样。

问题：有没有你害怕的动物呢？

回答：说实话，几乎没有。我倒是希望鳄鱼或者狮子能咬我，但我的皮太厚了，它们伤不到我。我通常会无视它们。

问题：谢谢。你还有什么想要告诉我的吗？

回答：是的，我现在要走了，麻烦让一下！否则我会咬你……很多口。

我更想狠狠地咬你！

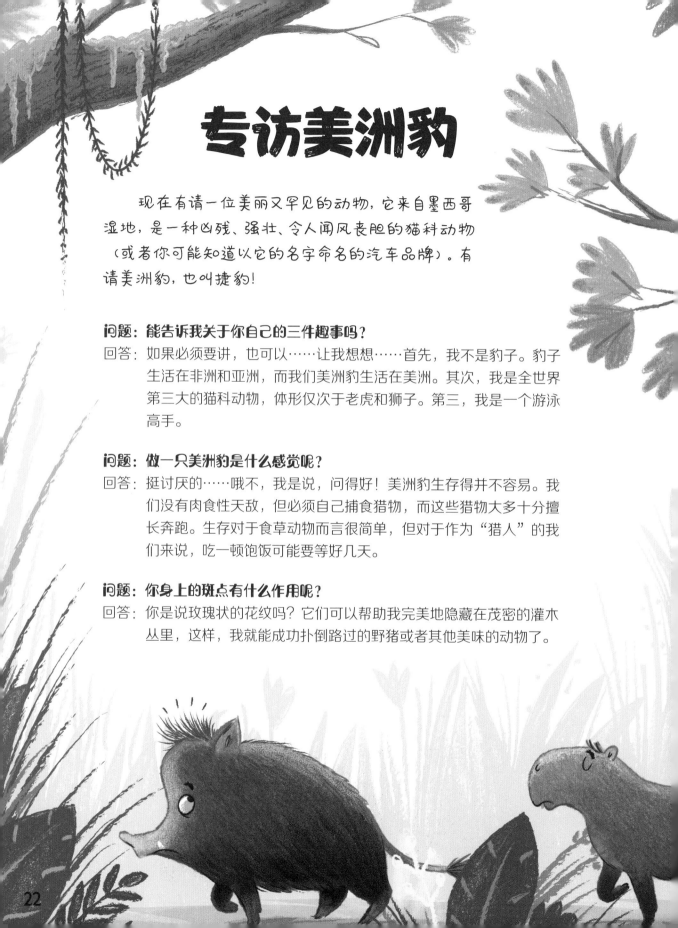

专访美洲豹

现在有请一位美丽又罕见的动物，它来自墨西哥湿地，是一种凶残、强壮、令人闻风丧胆的猫科动物（或者你可能知道以它的名字命名的汽车品牌）。有请美洲豹，也叫捷豹！

问题：能告诉我关于你自己的三件趣事吗？

回答：如果必须要讲，也可以……让我想想……首先，我不是豹子。豹子生活在非洲和亚洲，而我们美洲豹生活在美洲。其次，我是全世界第三大的猫科动物，体形仅次于老虎和狮子。第三，我是一个游泳高手。

问题：做一只美洲豹是什么感觉呢？

回答：挺讨厌的……哦不，我是说，问得好！美洲豹生存得并不容易。我们没有肉食性天敌，但必须自己捕食猎物，而这些猎物大多十分擅长奔跑。生存对于食草动物而言很简单，但对于作为"猎人"的我们来说，吃一顿饱饭可能要等好几天。

问题：你身上的斑点有什么作用呢？

回答：你是说玫瑰状的花纹吗？它们可以帮助我完美地隐藏在茂密的灌木丛里，这样，我就能成功扑倒路过的野猪或者其他美味的动物了。

问题：你最喜欢的食物是什么？

回答：啊，这才是个像样的问题嘛！野猪味道不错，肉质肥美，我也很喜欢吃水豚，它们的味道比食蚁兽的好多了。鹿的味道也不错，犰狳也是不错的餐后甜点，我偶尔也会吃点儿海龟或鱼，这样可以增加我们饮食的多样性。

问题：对你来说，最难捕捉的是什么动物呢？

回答：如果单指这片区域，那肯定是公共汽车啦！哦，不，不，我会严肃点儿。西貒跑得特别快，被它咬一口，后果很严重；凯门鳄在水里滑不溜秋的，很难抓。但我喜欢挑战有难度的事情。

问题：凯门鳄和它的那些鳄鱼亲戚一样凶猛，不是吗？你是怎么抓住它们的呢？

回答：其实凯门鳄是一种体形较小的鳄鱼。如果你一定要知道我是怎么抓住凯门鳄的，那我来告诉你：我会耐心地在河岸上等待，直到一只凯门鳄靠近岸边，然后我就跳进水里，撕咬它的头部。实际上，我必须咬碎它的头骨才算捕猎成功。

问题：你能咬碎它的头骨？

回答：当然可以。凯门鳄很难被制服，但是我足够强壮，我找准位置后，只要狠狠地咬上一口，就能把凯门鳄的头骨咬碎。不管怎么说，如果我不先咬凯门鳄，它就会咬我。啊……好困，你还想问些什么？

问题：呃，你的奔跑速度跟其他大型猫科动物一样吗？

回答：相比追捕，我更喜欢伏击猎物。我很擅长在傍晚时分蹑手蹑脚地接近它们。嘘！一定不能发出声音，伏击的关键就是悄悄地靠近猎物。当然，我可以快速向前俯冲，猛扑过去，但我并不擅长奔袭，我的肌肉很发达，爆发力很强，只适合短距离捕猎。

问题：你会花时间和其他美洲豹待在一起吗？

回答：当然不会！我会不惜一切代价保卫自己的狩猎领地。我会大声咆哮，
让其他美洲豹离开我的领地，还会用粪便和尿液作为气味来标记领
地。每只美洲豹都是自己所占领的这片广袤森林或沼泽的国王。

问题：你了解黑豹吗？

回答：不了解，但我见过它们。它们也是美洲豹，但皮毛很黑。它们的夜间
隐蔽本领特别高超……但很不幸，偷猎者还是能找到它们。

问题：牧场主会在你的栖息地附近开垦土地。你会偷猎他们的牲畜吗？

回答：只有在食物极度匮乏时我才会这样做。通常我都会远离人类。他们砍
伐树木，摧毁一切。你这人看起来还不错，但你的问题实在是太多
了。再见！

专访北极熊

现在和我在一起的，是来自遥远的北方，世界上体形最大的陆地食肉动物。它是冰雪世界的王者、海洋世界的掠食者，对冰雪世界了如指掌。是的，接下来我带大家认识一下北极熊！

问题：你的梦想是什么？
回答：尽可能长得胖一点儿。

问题：哇哦！大多数人类都在想尽办法减肥呢。
回答：嗯？哦，也对，因为你们的食物很充足了，我们可没有。

问题：你见过企鹅吗？
回答：什么？

问题：我就当你回答的是"没见过"。企鹅是一种生活在南极的动物，而你生活在北极，对吗？
回答：是的，你有吃的吗？一条味道鲜美的鲸宝宝就够我吃了。

问题：呃，抱歉，这个场合不适合谈论这个话题。那么，你最喜欢一年中的什么季节？
回答：反正不是夏天。我讨厌夏天。

问题：为什么？

回答：北极冰川在融化！我们很难找到食物！我必须一直待在陆地上，四处搜寻像鸟蛋、海藻这样的零碎东西，勉强填饱肚子。

问题：北极的冬天是什么样子的？

回答：寒冷刺骨，但我的身体脂肪层很厚，可以御寒保暖。我不喜欢暴风雪天气，因为我会看不到猎物，而且狂风呼啸时，我很难嗅出海豹的踪迹。

问题：我注意到你有一双粗壮的脚，它为什么长成这样？

回答：啊……好困。抱歉，我走了几千米的路就为了找口吃的，实在太累了。我的脚吗？它实际上是宽大的爪子，很适合游泳，还能阻止我掉进冰窟窿里，帮我紧紧抓住脚下的任何东西。你知道的，冰面很滑，想站稳，就得靠这双脚。

问题：听说你的皮肤其实是黑色的，是真的吗？

回答：是的。但身上透明的毛发让我们看起来像是白色的，雪地里，全身白色可以帮助我们悄悄靠近猎物而不被发现。

问题：你最出色的捕猎技巧是什么？

回答：好的，这才像个问题嘛！我靠海生活，以海豹为食，所以我需要借助冰冻的海冰来接近猎物。我的嗅觉十分灵敏，通常在几千米外就能嗅到海豹的气味。当找到海豹在冰面上的换气孔后，我会悄悄靠近，在它们浮出水面的一瞬间就抓住它们，大吃一顿！

问题：你为什么这么喜欢吃海豹呢？

回答：为了海豹脂，兄弟，也就是海豹的脂肪。为了御寒保暖，海豹的体表脂肪层长得非常厚，而这些脂肪能给我提供生存所需的能量。我受够了在冰天雪地里到处找食物的滋味！

我受够了在冰上跳舞！

问题：既然你这么擅长狩猎，为什么还总是挨饿呢？

回答：哦，记者先生，海豹是很难抓的。大部分时候，它们都会逃走。同时，海冰也在融化，好像一年比一年少了。有时，我要游好几千米才能找到一只海豹，这真的会让我感到筋疲力尽。我知道一些北极熊就是被活活饿死的。

问题：太可怕了。我们人类一直在污染地球，导致全球变暖。你听说过全球变暖吗？

回答：原来是你们！我现在就应该把你吃了！但你身无四两肉……比起你这粒小芝麻，我还是更喜欢吃海豹。

问题：对不起，我们人类也正在设法阻止气候变化，但这并不容易。呃，作为北极熊，你还有什么困难吗？

回答：哦，雌性北极熊有时候6个月都无法进食，而且，一些雄性北极熊有时还会杀死我们的幼崽。狼群也让我们很头疼。被海象的长牙刺中，会让我们身负重伤。

问题：作为一只北极熊，你觉得最幸福的事情是什么呢？

回答：我身强体壮，嗅觉极其灵敏，还是顶级的游泳能手。我可以在极寒气候下生存下去，无所畏惧。现在……我必须……呃，必须……睡一会儿了……

专访狮子

如果你能听到咆哮声，那是因为现在有一只令人闻风丧胆的野兽正在我的身边。它来自辽阔的非洲草原，长着强劲有力的爪子。它就是独一无二的狮子！

问题：你看过《狮子王》吗？
回答：那是谁？我自以为我认识这里所有的动物。

问题：那是一部电影。
回答：哦，这样的话，没看过。电影院通常不欢迎狮子。

问题：狮子与其他大型猫科动物的不同之处在哪里呢？
回答：拜托，区别这么明显！无论从哪方面讲，我们都是最好的。我们高贵、威武、勇敢、帅气，呃，还很谦虚。

问题：你们与众不同是因为群居生活。我说的对吗？
回答：嗯，是的，没错。我们整个家族生活在一块，叫作狮群，我的狮群一共有12头狮子：2头雄狮，算上我共3头雌狮，还有8只幼狮。

问题：加起来不是 13 只吗？

回答：嘿，我们擅长的是捕猎，不是算数！

问题：好吧，抱歉……那么，为什么你们被称为"丛林之王"呢？

回答：我不知道。我们生活在辽阔的草原和空旷的原野上，而不是森林里。但我们确实喜欢称王。

问题：你和大象打过架吗？

回答：也许吧。我不会告诉你谁赢了……有时候，如果我们找不到角马或者斑马来吃，我们也会试着去围捕大象宝宝。对于我们来说，成年大象体形太大了，也太强壮了，但即使是这样，你知道的，我们仍然是十分威武强壮的动物。

问题：你还会猎食什么动物呢？

回答：野牛、大羚羊、疣猪、斑马等。对我们来说，长颈鹿和河马太危险了，而其他动物主要是体形太小，无法供养整个狮群。因此，我们必须猎杀、捕食这些动物，否则，我们就会饿死，狮子没有惬意的午后咖啡时光。

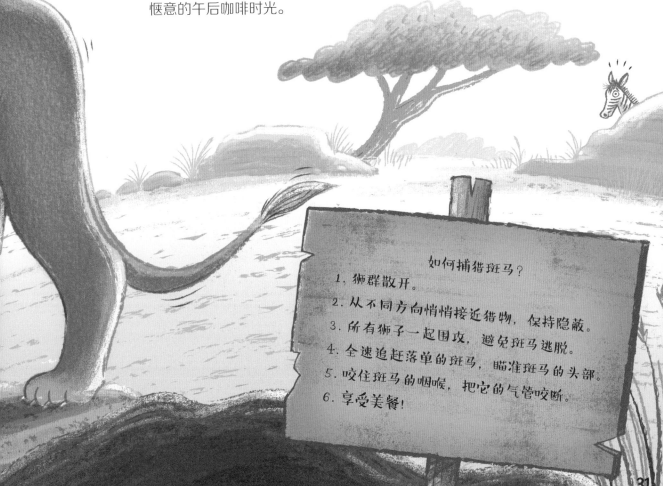

如何捕猎斑马？
1. 狮群散开。
2. 从不同方向悄悄接近猎物，保持隐蔽。
3. 所有狮子一起围攻，避免斑马逃脱。
4. 全速追赶落单的斑马，瞄准斑马的头部。
5. 咬住斑马的咽喉，把它的气管咬断。
6. 享受美餐！

问题：你如何战胜一头体形比你庞大、体重又重得多的水牛呢？

回答：当然是凭借技巧和智慧了，还有团队合作。我们雌狮经常一起捕猎：一只会悄悄藏进茂密的草丛中，另一只可能会躲藏在灌木丛里，出其不意地跳到水牛身上。你必须把这些脾气暴躁的水牛拖倒在地，撕咬它们的喉咙，这需要很大的力气。它们的牛角没准会给我们造成致命伤害。但这样的庞然大物，只要能杀死一只，我们整个狮群就可以饱餐好几天。嗯……想想都好解馋。

问题：你有孩子吗？

回答：有，我有两只可爱的小狮子。它们现在3个月大了，到处给我惹麻烦。它们只想着玩儿！狮子的幼年生活是多么简单快乐啊……

问题：它们出生时是什么样子的呢？

回答：个头特别小，眼睛也睁不开，很虚弱。它们1周后才能睁开眼，3周后才会走路，整天就想着喝奶。我必须把它们藏好。

问题：为什么？

回答：我外出捕猎时，鬣狗和豹子可能会杀了它们。一有机会，野牛就想踩死它们。所以我必须不停地带着它们搬家。

问题：狮子还会面临其他危险吗？

回答：忍饥挨饿。尽管我们非常擅长捕猎，但多数时候，我们会一无所获。人类也会射杀我们，或者在我们的领地中放牧。疾病也会导致我们死亡。总之，想活下来是件很不容易的事情。

问题：你怎么看待雄狮？

回答：嗯，它们体形硕大，身体强壮，但基本上都很懒。大多数情况下，雌狮不仅需要承担照顾幼崽的全部责任，还要负责绝大多数的狩猎和保护狮群的任务。雄狮只需要离开狮群，与其他狮子搏斗就好了。

问题：谢谢。你还有什么要说的吗？

回答：我有没有跟你说过"我们狮子是最棒的"？

专访大犰狳

　　本次采访，我请来了另一位来自南美洲的神秘哺乳动物——大犰狳。它十分罕见，是一种独居动物，性格胆小。

问题：很少有人见过大犰狳，这是什么原因？

回答：你好，很高兴见到你。呃，我来回答一下你的问题。很不幸，现在，大犰狳的数量已经十分稀少了。我们更愿意远离人类过安宁的生活，在人类看不见的地方整日酣睡。

问题：你睡在哪里？

回答：啊，好吧，我睡在特殊的地洞里，你看到了吧？我每隔几天就会挖一个新的地洞，然后不停地转移。

问题：哇！我讨厌频繁搬家，你为什么不住在同一个地洞里呢？

回答：问得好。因为我喜欢四处寻找食物，我是很挑食的。

问题：什么？你是说你只吃薯片和比萨吗？

回答：哦，天哪，不不不，我的食物的逃跑速度都特别快，所以，你也可以叫它们"快餐"。我吃白蚁和蚂蚁，明白了吗？

问题： 我注意到你长着巨大的爪子，这些大爪子一定有20厘米长吧？你是怎么用这些巨大的爪子抓小蚂蚁的呢？

回答： 啊，这个问题问得最棒了。我的爪子是用来刨开又大又硬的白蚁丘的，这样我就可以舔食这些小虫子了。我也可以用爪子挖洞。

问题： 呃，如果你只在夜间活动，你是怎么找到白蚁巢穴的呢？

回答： 这个问题也问得很好。我的视力非常差，但我的嗅觉特别灵敏，所以，我的鼻子可以为我指路。

正在打洞

问题：好的，我明白了。我看你身上还有坚硬的鳞片，是因为你经常在黑夜里撞到树吗？

回答：呵呵……并不是。这些鳞片是用来防御其他野兽攻击的。唉，我的周围环伺着饥饿的美洲狮和美洲豹。

问题：大型猫科动物是你们的天敌吗？

回答：哦，天哪，太尴尬了，这真是太尴尬了……并非如此，我们的天敌是一群长着两条腿的傻瓜。

问题：什么？鸡吗？

回答：呃，不，我指的是……呃……人类。

问题：哦，抱歉。我们人类对你们做了什么？

回答：哦，太多了——猎杀我们，捕食我们，用卡车碾轧我们，把我们当成农场害虫，破坏我们的栖息地。不过除了这些，人类还是很棒的！

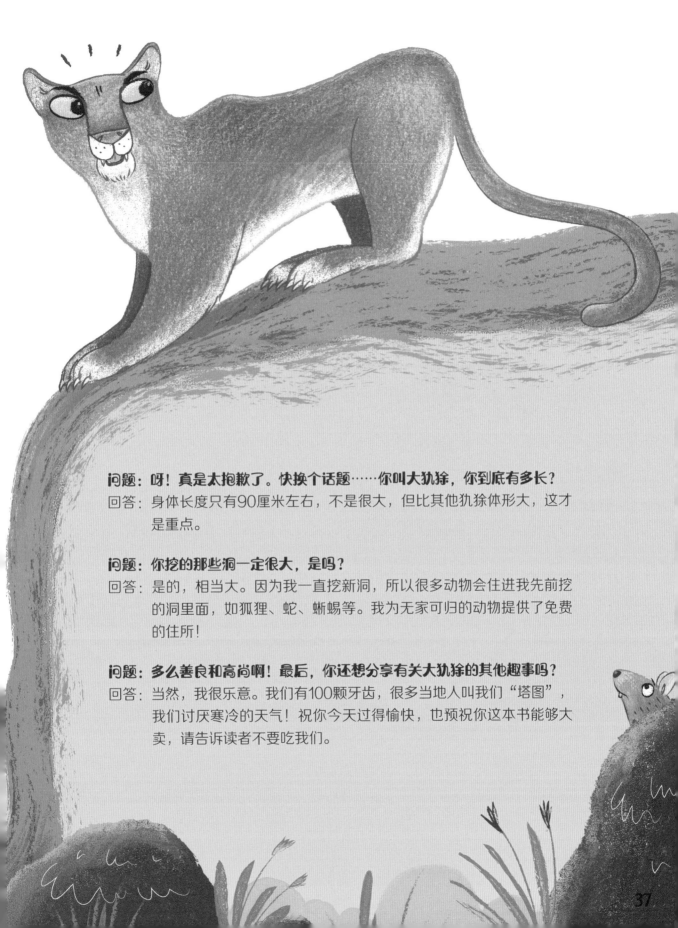

问题：呀！真是太抱歉了。快换个话题……你叫大犰狳，你到底有多长？

回答：身体长度只有90厘米左右，不是很大，但比其他犰狳体形大，这才是重点。

问题：你挖的那些洞一定很大，是吗？

回答：是的，相当大。因为我一直挖新洞，所以很多动物会住进我先前挖的洞里面，如狐狸、蛇、蜥蜴等。我为无家可归的动物提供了免费的住所！

问题：多么善良和高尚啊！最后，你还想分享有关大犰狳的其他趣事吗？

回答：当然，我很乐意。我们有100颗牙齿，很多当地人叫我们"塔图"，我们讨厌寒冷的天气！祝你今天过得愉快，也预祝你这本书能够大卖，请告诉读者不要吃我们。

专访雪豹

    我要采访的这一位有爪的野兽，是一只神秘又美丽的大型猫科动物，它生活在偏远的陆地上。很荣幸能见到地球上的稀有物种之一：传说中的雪豹。

问题：你具体住在哪里呢？
回答：我目前居住在蒙古高原的西部山脊。

雪豹如何御寒？
1. 毛茸茸的小耳朵。
2. 厚厚的皮毛。
3. 毛发浓密的长尾巴。
4. 脚上毛茸茸的肉垫。
5. 用来加热冷空气的大鼻孔。

问题：啊？那是哪儿？
回答：在亚洲山区。

问题：哦，明白了。那里是什么样子？
回答：那里贫瘠干燥，处于高海拔地区，气温低，空气含氧量少，海拔高度在3 000～5 000米。

问题：能说得再简单点儿吗？
回答：就是说，那里岩石密布，而且很冷。

问题：你为什么提到了空气的含氧量？
回答：我的栖息地海拔高，空气稀薄，所以呼吸困难。但这是对于你而言，我很适应那里的环境。

问题：那么，你在那里做什么呢？
回答：主要是生存、狩猎、繁殖，还有神出鬼没。

问题："神出鬼没"是什么意思？

回答：很少有人见到我。有些人叫我"鬼猫"。主要是因为我住在山势陡峭、常人难以接近的地区，这里猎物稀少。我们种群的数量也很稀少，且分布零散，我高超的伪装能力也是一个重要原因。

问题：你不觉得冷吗？

回答：是很冷，但我的生存能力极强：毛发密实，耳朵小，可以减少热量损失；长长的尾巴上也长有浓密的皮毛，可以当毛毯用；我还长着宽大的脚掌，上面长满了浓密的毛，这使我能够很轻松地在松软的雪地上行走而不被冻伤。

问题： 你说过你是一个猎食者，你吃什么？

回答： 主要吃岩羊、塔尔羊和北山羊。

问题： 能再说清楚点儿吗？

回答： 山上的绵羊和山羊。

问题： 哦，好吧。这些动物都很擅长攀岩。你平常是怎么抓到它们的？

回答： 我身上的花纹和颜色能够让我在追踪猎物时有效地隐藏行踪。我会在陡峭的斜坡上伏击猎物，会快速追赶猎物，会用爪子和尖牙捕获猎物。

问题： 你会追着猎物下山吗？

回答： 是的，甚至会追到悬崖上。放心，我有高超的平衡能力。

问题： 很多有爪动物都不喜欢人类。你也讨厌我们吗？

回答： 这个问题很有趣。偷猎和放牧让我们种群的数量锐减，气候变化也在破坏我们的生存环境，但也有很多有动物保护意识的人为我们建立了国家公园、野生动物保护区和自然保护区，在这些地方，我们可以受到保护。

问题： 所以，嗯……人有好有坏？

回答： 没错。

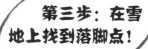

第三步：在雪地上找到落脚点！

问题：你会咆哮吗？

回答：不会，但是当我想吸引异性的时候，我会大声号叫。

问题：好的。呃，你会讲笑话吗？

回答：一只老鹰给我讲过一个笑话：为什么雪豹藏不住？因为它们全身长满斑点，藏哪儿都能被发现。这一点儿也不好笑！

问题：哈哈哈，我喜欢这个笑话！最后，作为地球上的一种稀有动物，你喜欢这种感觉吗？

回答：有人说我们是"天山的守护者"，也有人称我们为"云巅之山的王""冰雪精灵"，但我只是一只害羞的猫科动物而已。采访到此结束吧！

问题：哦，好的，谢谢你。

回答：再会。

专访三趾树懒

最后一位采访嘉宾是地球上现存的奇特动物之一。它动作缓慢，但思维异常活跃。接下来，我要向大家介绍这位顽皮的树懒！

问题：树懒到底生活在哪里呢？
回答：布里斯托尔市普拉姆街46号。

问题：真的吗？
回答：不不，当然不是！实际上，我们生活在树上。我来自位于中美洲哥斯达黎加的热带雨林。你好！

问题：呃，你好。现在，所有人都知道树懒行动缓慢，是因为你们懒吗？
回答：说啥是啥吧。

问题：你说什么？
回答：对不起，开个玩笑！我经常开玩笑的。你是问我们懒吗？不，我们不懒。我们只是需要节省体能，因为我们食欲不好，我们只吃树叶，这些食物能够提供的能量很少。

问题： 我觉得这是一个很合理的理由！为什么你有些毛发是绿色的呢？

回答： 那是因为我买不起面巾纸……哎呀！不是啦，其实是我的身上长了藻类植物。雨林里面很潮湿，明白了吗？但藻类植物是无害的，我们还可以凭借这一抹绿色成功地隐藏自己。

问题： 你喜欢做树懒吗？

回答： 这总比做一片烤面包片好多了！事实上，我挺喜欢做树懒的，现如今的生活节奏太快了……

问题： 你的爪子令人印象深刻。为什么它们这么大？

回答： 因为大爪子正在清仓大处理，所以……哈哈，开玩笑的！事实上，爪子大是因为我要用爪子来攀爬树木，如果你生活在树上，这项本领就非常重要。有些淘气顽皮的树懒会骚扰我，大爪子还有点儿防御作用。

问题： 你的天敌是谁？

回答： 小丑、万磁王和莱克斯·卢瑟。又开玩笑了，哈！我就是控制不住自己……事实上，我的天敌是美洲豹、大蛇和角雕，因为它们有个恼人的习惯，就是时不时会吃掉我。我简直不敢相信，你为了写这本书还采访了美洲豹……我打赌它没有为此道歉。

问题： **哎呀，让我们接着往下进行吧……呃，为什么一些树懒的叫声那么大呢？**

回答：为什么我们不能大声叫呢？事实上，那些都是准备要孩子的雌性树懒。它们用尖叫声来吸引配偶。如果你在丛林里低语，那么没人知道你在哪儿。

问题： **所以树懒不是群居吗？**

回答：是的，我加入了一支摇滚乐队。不不，我们是独居动物，意思就是我们独自生活。

问题： **如果你能改变三件有关自己的事，你想改变什么？**

回答：好了，这次不开玩笑了。首先，我想给环保人士打个电话，让他们阻止那些可怕的伐木工，不要再砍伐树木了。第二，我想让我的视力更好一点儿，因为我几乎看不到自己的屁股！第三，我希望自己的肌肉更发达一些。现在，参加一场马拉松比赛就要花费我一周的时间。说真的，连我都有些无语。

问题：嗯，真有趣。最后，你能告诉大家你最喜欢的树懒趣事吗？

回答：我讨厌趣事。啊哈，又是开玩笑的！我特别喜欢趣事。我给你列出来——

1. 树懒擅长游泳。

2. 树懒一次可以憋气40分钟。

3. 树懒一周只上一次厕所。

我们会从树上爬到地面，挖一个洞，在那里拉便便。但是……我们的便便很大哟！现在你都知道了哟！

问题：好的，嗯，很好。谢谢你，树懒先生。

回答：这简直是一场梦……哦不，我的意思是，我很开心接受采访。哈哈！

你能做些什么

我希望你能喜欢我在这本书里采访的动物。尽管有些动物让我有点儿害怕，但我很喜欢它们，我担心有些动物可能以后再也见不到了。

这本书中有好几种有爪兽类动物濒临灭绝。

"濒临灭绝"意味着如果我们不保护好地球，保护好这些动物赖以生存的家园，它们可能会永远消失，就像悲惨死去的渡渡鸟一样。

以下列举的是一些你能做到的事情，你可以帮助人们一起保护老虎、北极熊、大食蚁兽。这样的话，当你长大的时候，仍然可以看到它们。

1. 走出屋子

这有助于让你了解野外是什么样子的。所以，让父母带你去乡村玩一天。

- 🌿 在树林里散步——去观鸟。
- 🌿 爬一座大山。
- 🌿 探索一片荒野。
- 🌿 沿着小溪徒步——要走乡间小路！

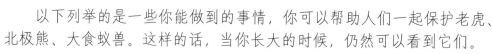

2. 加入本地社群

世界各地都有一些了不起的人在努力保护我们的地球环境。你也可以参与他们的活动，成为动物保护组织的新成员。

3. 做一个勤劳的园丁

如果你居住的地方刚好有花园或私家园地，以下是一些帮助野生动物的措施。

- 🌿 种植花卉，为蜜蜂等昆虫提供生存环境。
- 🌿 制作堆肥，这是利用厨余垃圾和园林废弃物的好方法。昆虫等一定非常喜欢！
- 🌿 种一棵小树，让小鸟在上面安家。

4. 多做环保的事情

　　大多数物品在制造和使用过程中都需要消耗能源，这可能会造成严重的环境污染。交通环境的恶化也在加剧气候变化，而这一切都在影响着野生动物的生存状态。因此，你在生活中，可以多做一些环保的事情。

　　❧ 不用照明灯时关掉它。
　　❧ 充电结束后拔掉充电器。
　　❧ 用完电器设备后关掉电源。
　　❧ 选择步行或骑自行车进行短途旅行，而不是乘车。
　　❧ 尽量做到物品的再利用、回收再利用。
　　❧ 不乱丢垃圾。

5. 避免使用塑料制品

　　我们现在知道，塑料碎片开始越来越多地侵入海洋、河流、土壤。这对野生动物没有一点儿好处！

　　❧ 不要使用塑料袋。尽量使用可以重复利用的布袋子。
　　❧ 喝饮料时，使用那些可以回收利用的玻璃瓶，而不是塑料瓶。
　　❧ 尽量用肥皂代替塑料瓶里的洗发水和洗衣液。

6. 多做环保宣传

　　为了帮助野生动物，我们需要越来越多的人做出改变。你可以用制作宣传单等方式鼓励人们，表明你希望人们能够保护野生动物和它们的栖息地。

7. 了解更多

　　本书帮助你了解了一些野生动物特殊的生活习性。你可以利用当地的图书馆了解更多信息，了解你还能为保护我们神奇的地球做些什么。

小测试

你能回答与本书中提到的10种野生动物有关的趣味问题吗？试一试吧！所有答案本书都曾提到过（答案就在这一页的最下面）。

1. 小老虎通常在哪里出生？

a. 在树上　　　b. 在洞穴里　　　c. 在河边　　　d. 在医院里

2. 一群狼叫什么？

a. 狼嚎　　　b. 黛比　　　c. 团队进攻　　　d. 狼群

3. 大食蚁兽怎么吃蚂蚁？

a. 用刀叉　　　　　　b. 用它们又长又黏的舌头舔

c. 把它们吸出来　　　d. 用它们特殊的牙齿

4. 蜜獾会留下一堆什么东西来驱赶其他同类？

a. 大便　　　b. 骨头　　　c. 无聊的杂志　　　d. 蜂蜜

5. 下面哪一种是美洲豹最喜欢的食物？

a. 白蚁　　　b. 豹子　　　c. 奶酪吐司　　　d. 野猪

6. 北极熊如何搜寻海豹？

a. 到处游动　　　b. 爬上冰山找到它们

c. 通过嗅觉　　　d. 通过使用一款叫作"Seal the Deal"的应用程序

7. 一只大犰狳有几颗牙齿？

a. 一颗都没有　　　b. 一颗巨大的牙齿　　　c. 100颗牙齿　　　d. 14

8. 下面哪一种方法可以帮助雪豹御寒保暖呢？

a. 小耳朵　　　b. 大鼻子　　　c. 宽大的脚　　　d. 羊毛帽

9. 狮子通常在哪里猎食水牛？

a. 在镇上　　　b. 在密林里　　　c. 在裤子里　　　d. 在草丛里

10. 三趾树懒的便便有多大？

a. 很小　　　b. 中等大小　　　c. 很大　　　d. 比手提箱大